# 被遗忘的怪兽

（英）马特·休厄尔 / 著　　冯康乐 / 译

北京联合出版公司
Beijing United Publishing Co.,Ltd.

# 目录

| | | | |
|---|---|---|---|
| 前言 | 3 | 骇龟 | 50 |
| 欧巴宾海蝎 | 6 | 巨齿鲨 | 52 |
| 房角石 | 8 | 古巨蜥 | 54 |
| 莱茵耶克尔鲎 | 10 | 巨型袋鼠 | 56 |
| 邓氏鱼 | 12 | 哈氏长吻针鼹 | 58 |
| 剪齿鲨和胸脊鲨 | 14 | 致命剑齿虎 | 60 |
| 旋齿鲨 | 16 | 轭齿象 | 62 |
| 长鳞龙 | 18 | 板齿犀 | 64 |
| 帝鳄 | 20 | 大地懒 | 66 |
| 泰坦巨蟒 | 22 | 双门齿兽 | 68 |
| 冠恐鸟 | 24 | 长角野牛 | 70 |
| 罗德侯鲸 | 26 | 雕齿兽 | 72 |
| 蒙古安氏中兽 | 28 | 古巴巨型猫头鹰 | 74 |
| 印加企鹅 | 30 | 侏儒猛犸象 | 76 |
| 巨角犀 | 32 | 巨型短面熊 | 78 |
| 桑氏伪齿鸟 | 34 | 恐狼 | 80 |
| 巨犀 | 36 | 西瓦兽 | 82 |
| 恐鹤 | 38 | 大角鹿 | 84 |
| 铲齿象 | 40 | 长毛猛犸象 | 86 |
| 牛鸟 | 42 | 卷角龟 | 88 |
| 巨猿 | 44 | 日本狼 | 90 |
| 海牛鲸 | 46 | 象鸟和南岛恐鸟 | 92 |
| 阿根廷巨鹰 | 48 | 袋狼 | 94 |

# 前言

欢迎来到被遗忘怪兽的神奇世界！

你一定听说过恐龙，它们是 6500 万年前统治过地球的怪兽。但你听说过 5 米高的巨犀吗？听说过南美洲的一种叫"恐鹤"的肉食性巨鸟吗？听说过加州的侏儒猛犸象吗？

这些奇怪而绝妙的生物也曾以地球为家。接下来，让我们探访那些被时光遗忘的怪兽——了解属于它们的故事。

## 插图说明

我们总是把过去怪兽的颜色想象成土褐色或单调的绿色，这种观点已经过时了。一些聪明的古生物学家（我们会误认为他们是研究化石的科学家）现在认为，许多生物可能是五颜六色的。地球上曾经存在过拥有时髦红色羽毛外皮的企鹅、长着虎纹外皮的有袋动物，甚至可能还有过粉色的海龟！后文的插图都是受到这些想法的启发——帮你想象真正久远的过去，那个光明而可怕的世界。

# 时间范围

　　我们从 5 亿多年前寒武纪时期的一种奇怪生物——欧巴宾海蝎开始，以袋狼结束——袋狼大约在 80 年前灭绝。我们要怎样才能理解这样的时间范围呢？

　　下面的时间轴将帮你理解这些动物和对应时期的科学名称，以及这些动物的具体生活情况。本书里的动物按时间顺序排列，所以越往后，就越接近现在。

# 食性

　　这些种类繁多的奇妙生物吃的食物各种各样。海牛鲸以埋藏在泥沙中的软体动物为食；巨犀以树叶为食；而剑齿虎则以大型哺乳动物，如野牛或地懒为食。

　　怪兽的食性可以用以下术语来描述：

肉食性——食肉

草食性——食草

杂食性——食肉、食草

鱼食性——食鱼

虫食性——食虫

腐屑食性——食腐

长毛猛犸象

泰坦巨蟒

现在

更新世　约 180 万年前

古新世　约 6500 万年前

全新世　约 1 万年前

上新世　约 530 万年前

中新世　约 2330 万年前

渐新世　约 3650 万年前

始新世　约 5300 万年前

白垩纪　约 1.45 亿年前

侏罗纪　约 2 亿年前

袋狼

巨犀

此处列出的是某一时期开端的时间点，以距今万年、亿年数计。

4

# 未来被遗忘的怪兽？

当你仔细阅读这本书的时候，你会注意到每一次灭绝背后的原因和起源的模式。对许多动物来说，不可逆转的气候变化是决定性因素。对另一些动物来说，与人类的冲突决定了它们的命运。

在我们的星球上，仍然有许多奇妙的生物生活在野外。我们必须尽一切力量，确保它们不会成为"被遗忘的怪兽"。

## 你知道吗？

恐狼对易于捕杀的猎物不感兴趣，比如麋鹿和鹿。它们更喜欢猎取奔驰如风的马和威风凛凛的野牛。

邓氏鱼

约4.17亿年前

泥盆纪

约2.9亿年前

二叠纪

约2.5亿年前

三叠纪

石炭纪

约3.5亿年前

志留纪

约4.35亿年前

奥陶纪

约5亿年前

寒武纪

约5.4亿年前

欧巴宾海蝎

接下来，我要让这些怪兽复活！

你有勇气翻开下一页吗？

## 你知道吗？

在欧巴宾海蝎生活的年代，地球只有冈瓦纳古陆和劳伦古陆两块大陆。所有的生命都生活在海洋中——包括植物！与之相比，袋狼还活在摄影和汽车被发明之初的世界里。

# 欧巴宾海蝎

大小：长约 5 厘米
体重：约 150 克
时代：寒武纪中期
食性：肉食、腐食

    在加拿大西部的页岩中，人们发现了这种距今大约 5.08 亿年前的海洋奇兽。它是节肢动物，但它与任何已灭绝的或是现存的节肢动物都没有相似性。欧巴宾海蝎长约 5 厘米，靠侧翼和扇形的尾巴移动。它的头上长有 5 颗以眼柄支撑的眼睛，它的口在头部下面。如果这还不够奇怪的话，它还有一个爪状的长吻，可能是用来捕捉食物，并放入口中。深海研究每年都会发现新物种，但没有比欧巴宾海蝎更奇怪的物种了。

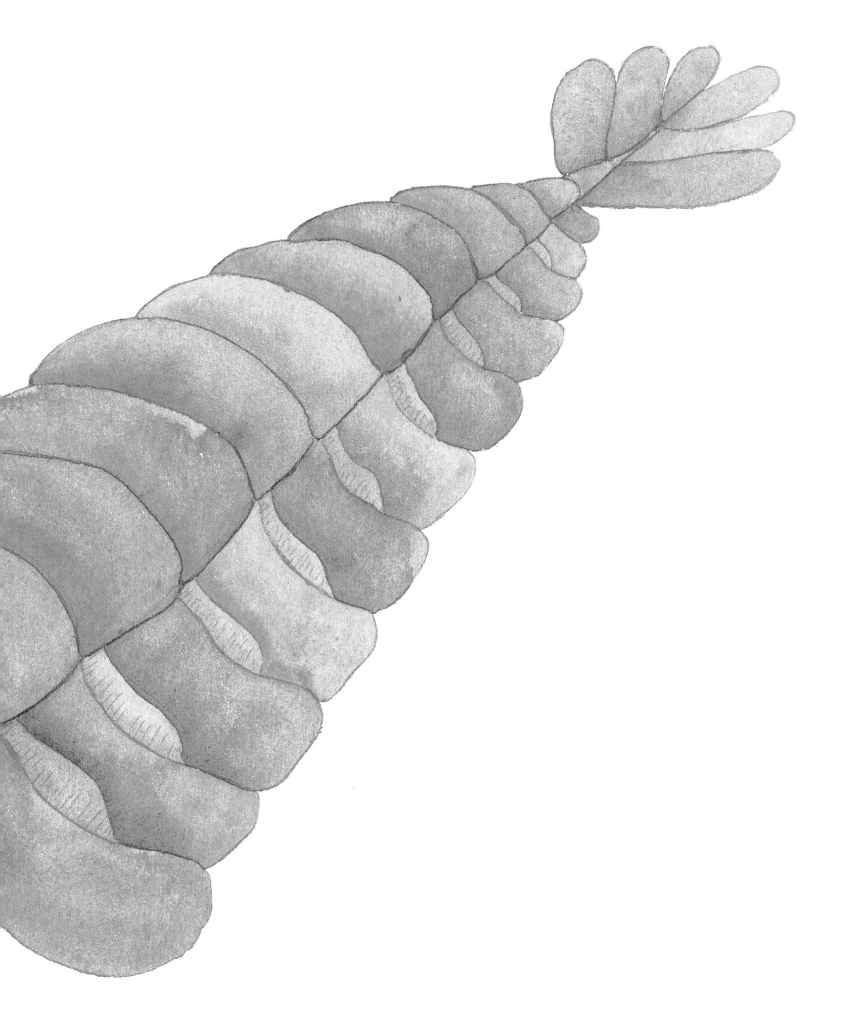

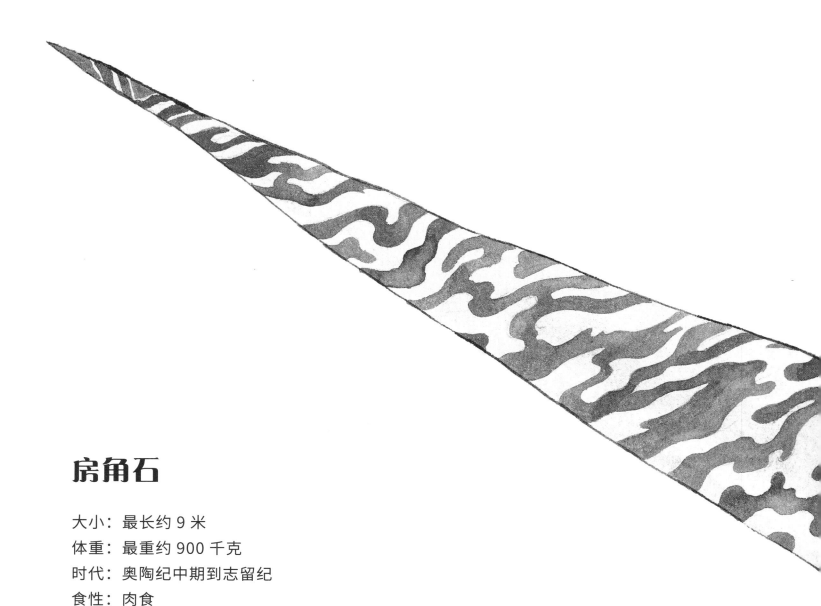

# 房角石

大小：最长约 9 米
体重：最重约 900 千克
时代：奥陶纪中期到志留纪
食性：肉食

在大约 4.5 亿年前奥陶纪热闹的海洋中，经常能看到圆锥形的房角石。这种巨大的圆锥形头足纲动物是鱿鱼和乌贼的远亲。它会把自己推进水中，拖着它的壳，很像它今天的另一个亲戚——带腔室的鹦鹉螺。

9 米长的外壳可以为隐藏在深海中的更大更阴险的怪兽提供庇护所，但是对一些鱼类和软体动物来说，即便有类似的外壳也同样会面临危险。因为房角石的触手围绕着一个锋利的吻，它可以咬穿猎物身上最坚硬的外壳。

# 莱茵耶克尔鲎 [hòu]

大小：长约 2.5 米
体重：最重约 280 千克
时代：泥盆纪早期
食性：肉食

    莱茵耶克尔鲎尽管是一种海蝎，但却生活在淡水河流和湖泊中。它会静静地等待鱼从它身边游过，然后用比这本书还大的巨爪捕捉它们。它大约有 2.5 米长，是有史以来最大的节肢动物，就连日本蜘蛛蟹都比不过，它甚至比一些今天所能见到的爬行动物还令人毛骨悚然。

# 邓氏鱼

大小：最长约 6 米
体重：最重约 1000 千克
时代：泥盆纪晚期
食性：食鱼

邓氏鱼是一种来自 3.6 亿年前的古老的深海怪兽。这条怪鱼大约 6 米长，有一副坚硬的外骨骼。它就像一艘生锈的战舰一样，随时准备战斗。它的头部也有厚厚的甲壳，没有牙齿，但吻部锐利，足以咬破任何硬壳。

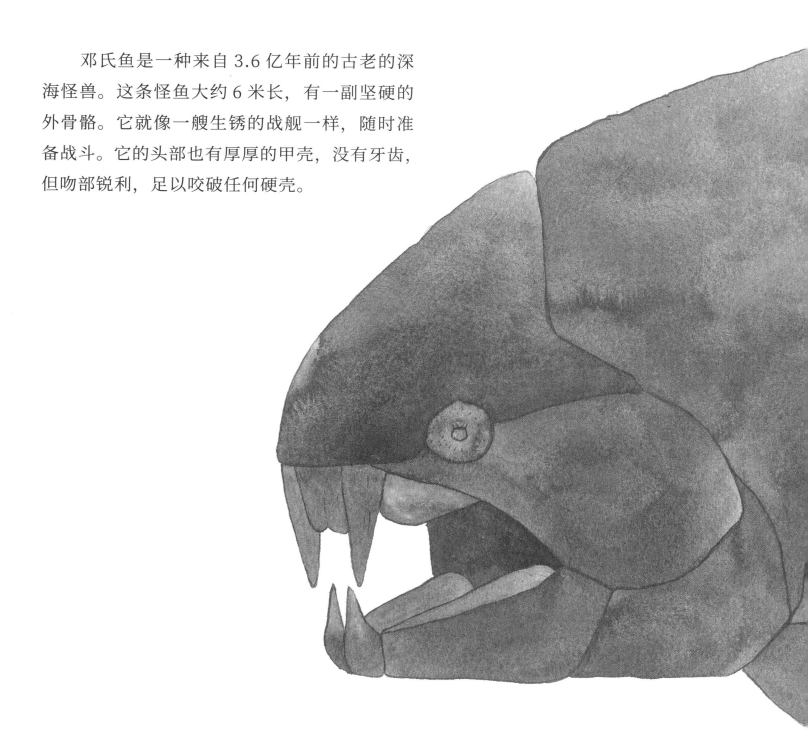

# 剪齿鲨

大小：长约 6 米
体重：约 1000—2000 千克
时代：泥盆纪晚期到石炭纪晚期
食性：食鱼

泥盆纪时期，许多生物来自远古深海。这一时期地质构造发生了巨大的转变，海洋生物开始统治地球。泥盆纪甚至被称为"鱼的时代"。我们只发现了那个时代的一小部分奇怪而奇妙的生物，比如，这两条鲨鱼。

首先是剪齿鲨，它有两组致命的牙齿，就像一把古老的剪刀，对猎物进行切割。它是旋齿鲨（第 16 页）的近亲，它们同样都很奇怪。

然后是胸脊鲨，它的背鳍很特别，很像一块砧骨，或者一个小桌子。谁知道呢！

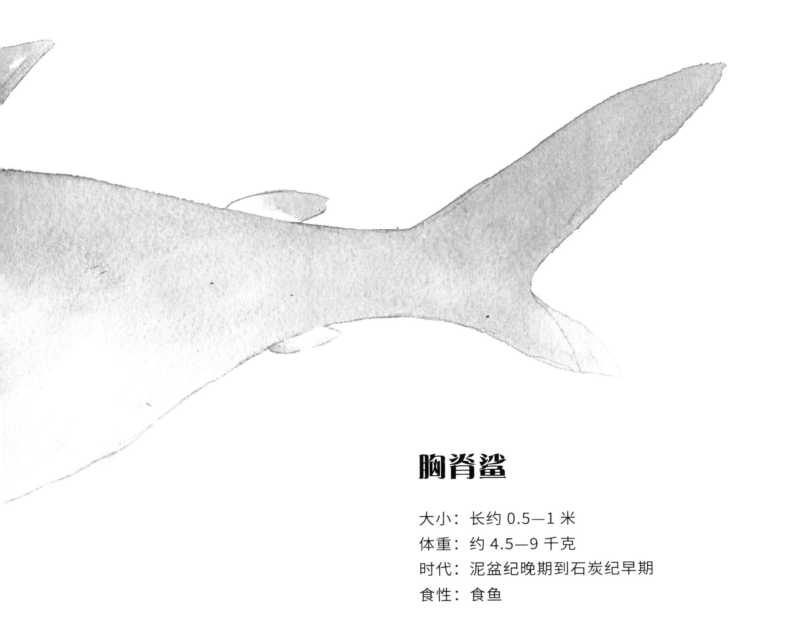

# 胸脊鲨

大小：长约 0.5—1 米
体重：约 4.5—9 千克
时代：泥盆纪晚期到石炭纪早期
食性：食鱼

# 旋齿鲨

大小：长约 12 米
体重：约 6000 千克
时代：二叠纪早中期
食性：肉食

旋齿鲨的化石对于古生物学家来说一直是个谜，因为在杂乱无章的骨头化石里有一轮奇怪的牙齿化石。从 19 世纪末开始，旋齿鲨被描述成各种奇怪而笨拙的模样——这些牙齿从大到小，内卷成环状的螺旋形齿，事实上，这个理论很难认证。但最常见的理论是，这轮牙齿固定在类似下巴的位置上，好似这条笨笨的远古鲨鱼扔掉了假牙，取而代之的是一把锯条。有趣的是，它们学名的意思就是"螺旋锯"！

# 长鳞龙

大小：长约 15 厘米
体重：约 100 克
时代：三叠纪中晚期
食性：食虫

    神秘的长鳞龙生活在距今大约 2.3 亿年前的三叠纪时期（即恐龙时代早期），属于爬行动物。在哈萨克斯坦的岩层中，只发现了一具长鳞龙的骨架，好奇心促使人们对这种生物的真实样子产生了各种猜想。

    它们的背部长有一些非常奇怪的附着物，顶部像羽毛，整体像扇骨，它可能是用来展示给潜在的伴侣或驱赶掠食者。或许这是小小的高尔夫球杆？谁知道呢，也可能有别的什么作用！

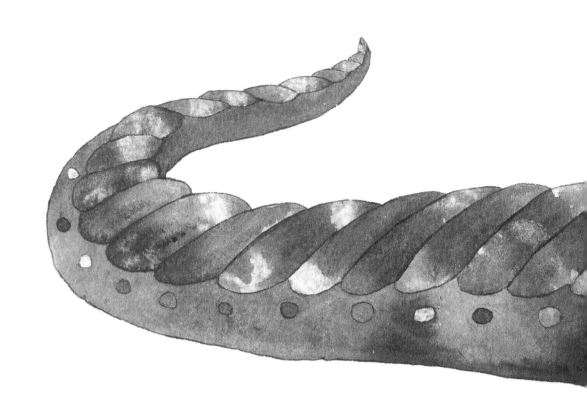

# 帝鳄

大小：长约 12 米
体重：约 8000 千克
时代：白垩纪早期
食性：肉食

如果你认为湾鳄已经是很可怕（这么说也对）的生物了，那么这只鳄鱼会让你感到更加恐惧。帝鳄的块头是湾鳄的两倍。它大约有 12 米长，和一辆公共汽车的长度差不多！在它的口鼻部末端有个奇特的被称为"鼓泡"的凹处，更加令人生畏。鼓泡的用途尚不清楚，但有些人认为它会制造出可怕的声音。太吓人了！

帝鳄生活在白垩纪时期（和许多恐龙一样），但是它在大约 1.1 亿年前就灭绝了。太遗憾了，但事实就是这样。

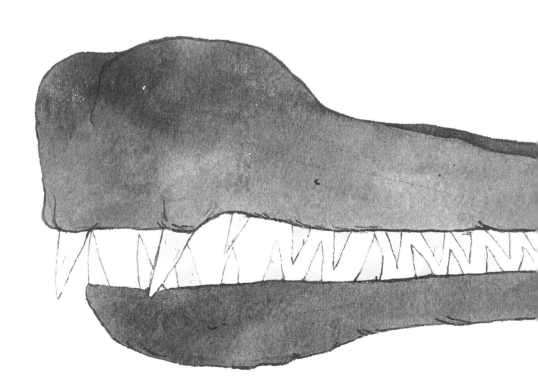

# 泰坦巨蟒

大小：长约 14 米
体重：约 1100 千克
时代：古新世
食性：肉食

    古新世的南美洲到处都是巨大的掠食者，这只栖息在丛林中的大蟒就是其中之一。这条蟒蛇爷爷围长应该有 1 米，长约 14 米，盘绕起来足以填满一所房子。它会使受害者窒息，并且完全压碎它们。它甚至可以吞下一整条鳄鱼！泰坦巨蟒大部分时间都待在水下。但它们最终屈服于气候变化。在上一次冰河时代之后，地球就不再适合巨型怪物生存了。

# 冠恐鸟

大小：高约 2 米
体重：约 170 千克
时代：古新世到始新世
食性：草食

　　冠恐鸟是另一种史前怪兽。这种鸟类的化石分布很广，法国、英国，甚至中国和美国均有发现。但人们只知道它大约有 2 米高，有一个巨大的头骨，此外就没什么更具体的了解了。虽然它看起来像一台杀人机器，大到足以抓到一只小马，但实际上，人们认为冠恐鸟像鹅一样是吃素的（它是鸭子的一位失散许久的亲戚）。也许这就是它们灭绝的原因——这只大鸟要想活下来，得吃掉多少沙拉啊！

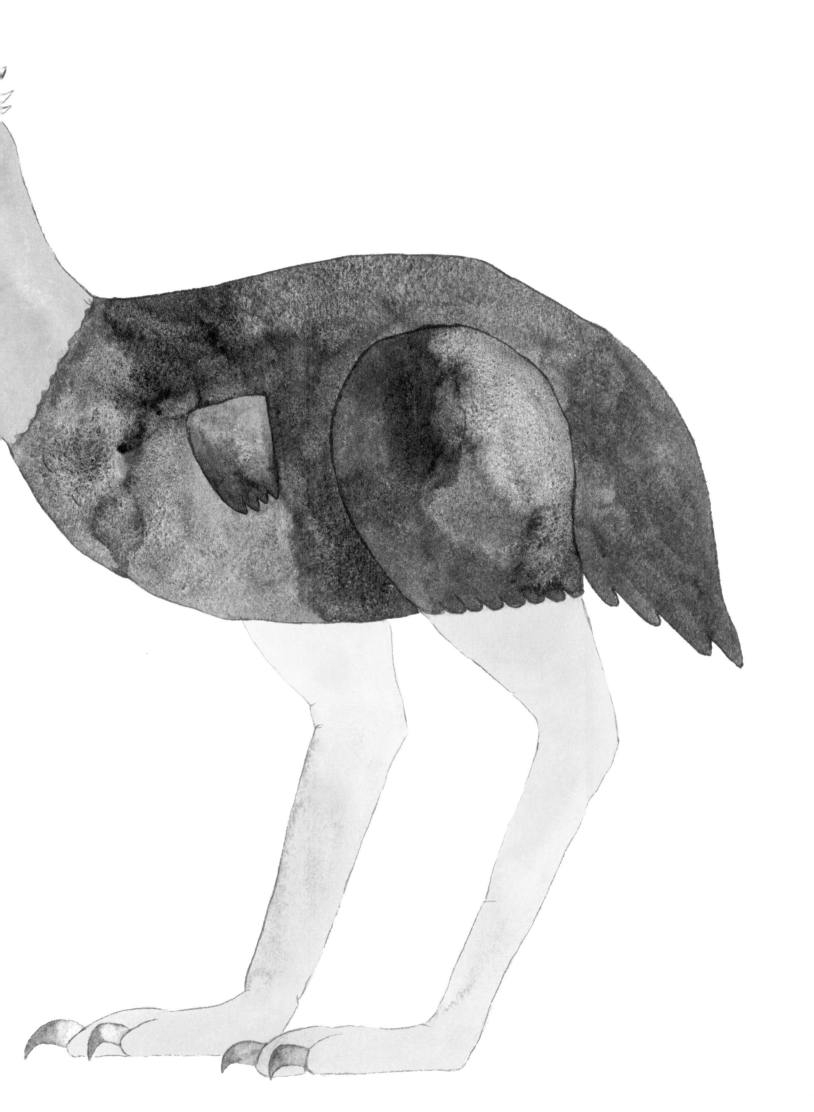

# 罗德侯鲸

大小：长约 2.5 米
体重：约 590 千克
时代：始新世中期
食性：食鱼

　　这头凶猛的鲸鱼，是动物从陆地到海洋进化的完美例证。四千多万年前，它的外形处在海洋生物和像狼一样凶猛的食肉动物之间。它的四肢有蹼，有像哺乳动物一样的鼻子和牙齿，还有一条用来游动的长尾巴。

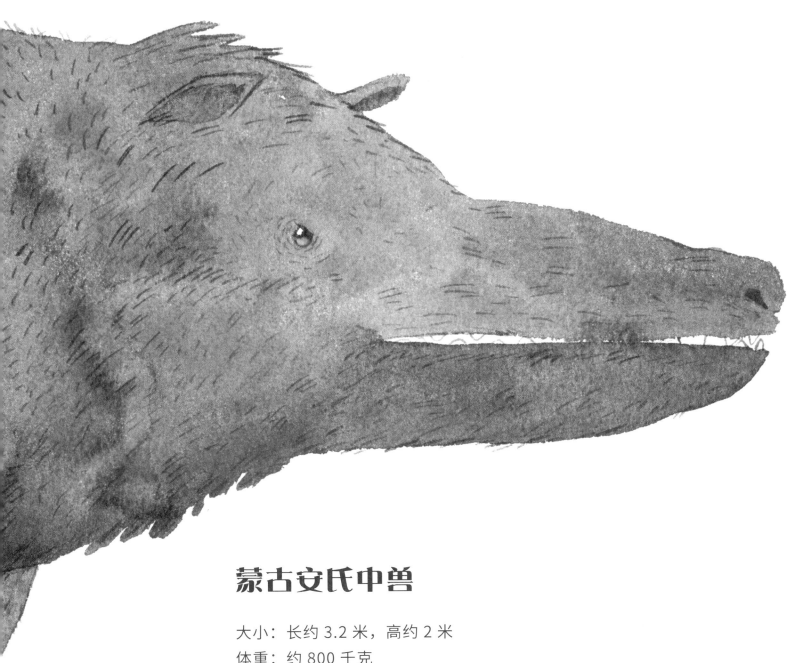

# 蒙古安氏中兽

大小：长约 3.2 米，高约 2 米
体重：约 800 千克
时代：始新世
食性：肉食

　　我不会太友好地对待蒙古安氏中兽（同伴可能叫它安迪！）。它们是猪、河马、鲸鱼的亲戚，是地球上最大的陆生肉食性哺乳动物之一。据科学家们估计，这只来自 4500 万年前的蒙古巨兽，大约有 2 米高，3.2 米长，光它的头骨就将近有 1 米长。我的天啊！

# 印加企鹅

大小：高约 1.5 米
体重：约 50—60 千克
时代：始新世晚期
食性：食鱼

　　2008 年，在秘鲁发现的始新世时期的长喙企鹅，被命名为印加企鹅或"水之王"。身高超过 1.5 米，比今天的帝企鹅还要高出 30 厘米，是一种令人生畏的海洋猎手。科学家们发现了它们 3000 万年前的精美羽毛化石，它们的羽毛呈灰色和红色，而不是现代企鹅的黑色和白色。所以不难想象，"水之王"穿的是一件光滑多彩的潜水服，而不是一件闷热的燕尾服！（这并不是说它的颜色就胜过现代企鹅——黑白颜色的羽毛是为了寒冷的南极海域设计的！）

# 巨角犀

大小：长约 4.5 米，高约 2.5 米
体重：约 3000 千克
时代：始新世晚期
食性：草食

　　这个奇怪的动物来自漫长而多样的进化家族，这一家族包括马、犀牛和貘。巨角犀有结实的身体和厚厚的护甲。但那是角吗？可看上去它没多长啊，也不怎么锋利，一点儿也不可怕！说不定，它有威慑之外的作用。也许是用来扭开头顶罐子的工具？也许是北美始新世歌曲的音叉？或者是一把弹弓？其实都不是——实际上，它是用来保护幼小的巨角犀的，到了交配季节它们还可以用来对抗其他的巨角犀。

# 桑氏伪齿鸟

翼展：约 6.4 米
体重：约 30 千克
时代：渐新世到更新世
食性：食鱼

　　一些科学家认为，伪齿鸟应该又大又重，不会飞！这种生物应该被扔到水里，像有齿的（这些牙齿实际上更像是防止鱼滑落的尖刺）不会飞的海鸟，随浪浮沉。长期以来，阿根廷巨鹰（第 48 页）一直被认为是世界上最大的鸟。20 世纪 80 年代，在美国南卡罗来纳州机场工作的建筑工人发现了一组更大的骨头化石（属于伪齿鸟）。从那时起，阿根廷巨鹰就只能退居次席了。这些骨头化石属于一种栖息在悬崖上的海鸟，它的翼展大约可达 6.4 米！相比之下，目前存活的纪录保持者——漂泊信天翁，翼展只有大约 3.5 米。难怪科学家们见不到这种具有飞行能力的咸水怪兽。

# 巨犀

大小：长约 7.4 米，高约 5 米
体重：约 15000—20000 千克
时代：渐新世
食性：草食

　　巨犀是有史以来最大的哺乳动物之一，是一个大家伙！这只高约 5 米的无角犀牛个头远超现代犀牛（现代犀牛仍高达 1.8 米）。巨犀可以靠其庞大的体型自卫，不需要向潜在的捕食者发起进攻。只有它的幼崽才会被捕食者视为猎物，所以它们很可能像现代大象一样，过着群居的生活，以保护幼崽不受渐新世其他奇怪而可怕的怪兽伤害。

# 恐鹤

大小：高约 2.5 米
体重：约 130 千克
时代：中新世早中期
食性：肉食

　　古新世至更新世时期的恐鹤家族有一个更令人难忘的名字——恐怖鸟。这一家族中有相当多的物种，它们都有一些共同之处——都是巨大的不会飞的可怕肉食性动物！恐鹤就是其中之一，它们高约 2.5 米。据称，在恐龙灭绝后，它们占据了顶级捕食者的地位，这一称号一直保持到大约 180 万年前，它们灭绝的时候。

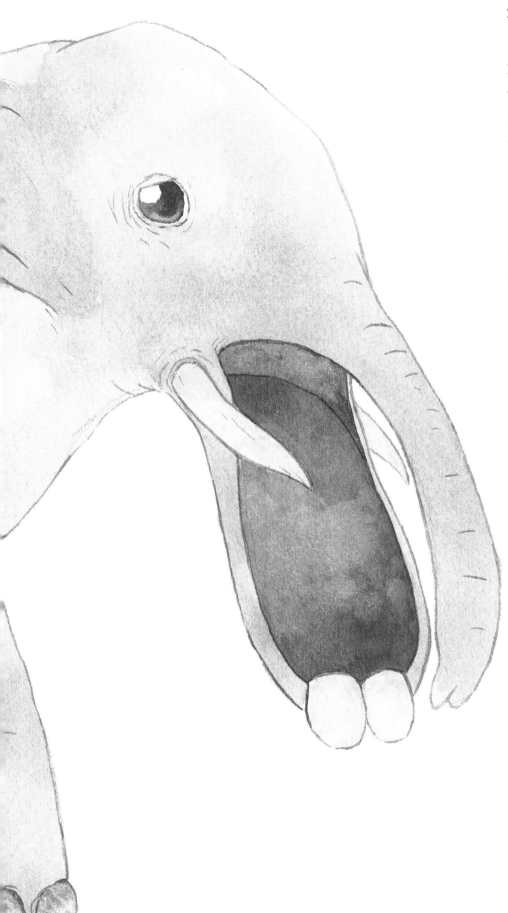

# 铲齿象

大小：长约 4.5 米，高约 2 米
体重：约 2500 千克
时代：中新世
食性：草食

　　中新世时期，存在着许多奇怪的大象，其中就有这种"大餐想吃就吃"的铲齿象；另外还有一种长着四根长牙，吻部像鸭嘴一样的板齿象；还有躯干短小，长着弯曲的牙齿的恐象。也许恐象灭绝的原因是因为它们走路不看道，结果撞到了巨石上。再多的牙医也无法挽救这种进化上的不幸。

# 牛鸟

大小：高约 2.5 米
体重：约 250 千克
时代：中新世
食性：草食

　　澳大利亚拥有庞大的可怕的鸟类队伍——其中最大的要数高约 3 米的奔鸟。但现在提到的牛鸟，却以绰号而闻名，它们被称为"来自地狱的恶魔鸭"！人们在北领地的布洛克河附近发现了它们的骨骼化石，其中一块看起来非常致命的喙化石，使人们得出结论，这种鸟是食肉动物，它们会用喙来捕杀猎物，撕扯肉块。

　　现在，科学家认为，这种鸟与野禽关系密切，它的大嘴可能是用来吃树叶的。不管它们是不是素食主义者，我们很容易想到当初考古学家们发现化石时惊慌失措的样子，以及为何称呼它们为"来自地狱的恶魔鸭"。

# 巨猿

身高：高约 1.8—3 米
体重：约 180—500 千克
时代：中新世晚期到更新世中期
食性：草食

　　这只"大猩猩"对你来说或许是巨无霸。如果你遇到一只巨猿，你必须表现得很友好，不仅因为它可能有 3 米高，以及宽到足以填满一间小房间的身躯，还因为它可能是你的祖先！是的，这个大块头和我们一样都是人科。直到 10 万年前，巨猿还生活在东南亚和中国，它最喜欢的食物是竹子——所以它可能和熊猫擦肩而过！我很好奇这些巨大的类人猿是否是温和的巨人，就像安静的熊猫一样。

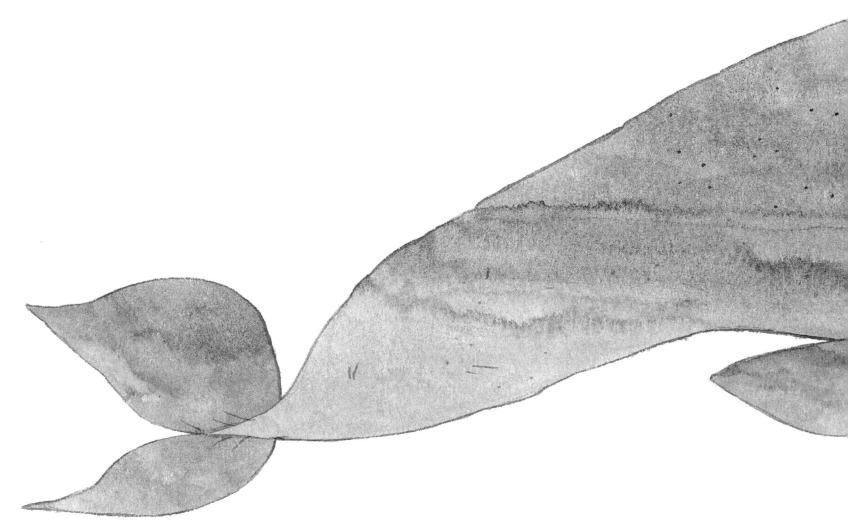

# 海牛鲸

大小：长约 2.1 米
体重：约 650 千克
时代：中新世
食性：食鱼

　　海牛鲸，是一种来自中新世的奇怪鲸鱼，它学名的意思是"似乎是靠牙齿行走的水生哺乳动物"。这种海洋生物有两根牙，其中一根要比另一根长。据推测，它们的牙齿用作原始回声定位（一种利用声音定位物体的感官系统）来寻找食物，声音会被放大，传递到它们的头骨中。

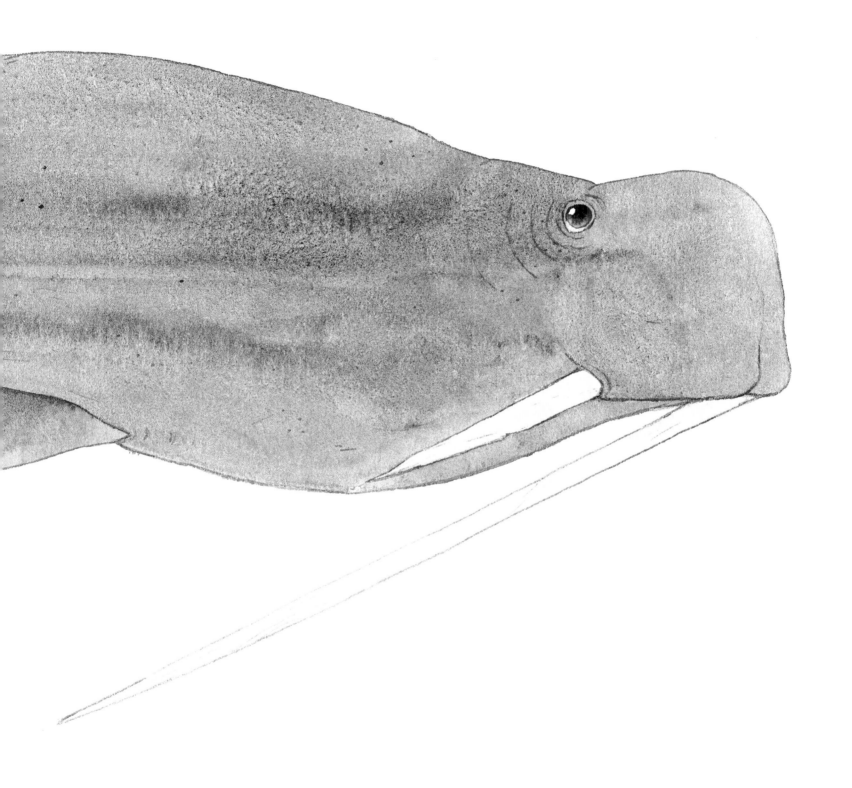

# 阿根廷巨鹰

大小：高约 2 米，翼展约 6 米
体重：约 70 千克
时代：中新世晚期
食性：肉食

　　作为有史以来翱翔在空中最大的鸟类之一，中新世的阿根廷巨鹰一直与美洲的秃鹰联系在一起。今天的安第斯秃鹰是一种令人惊奇的鸟，翼展可达 3 米，但阿根廷巨鹰可能会让它相形见绌，因为它的翼展可达 6 米，就像一副会飞的黑色遮光板！如果它们像秃鹰那样成群结队地盘旋，那么天空就会变得昏暗。

# 骇龟

大小：长约 3 米
体重：约 2200 千克
时代：中新世晚期到上新世早期
食性：草食

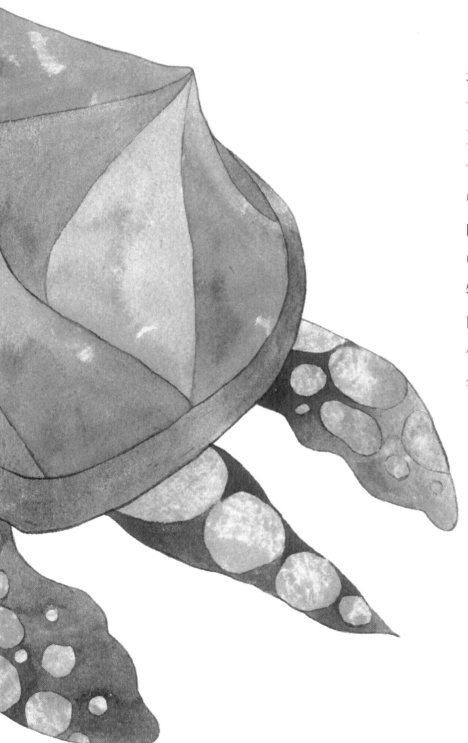

　　外形呈泪滴状的棱皮龟是现存最大的海龟——长度约 1.8 米，它是世界第四大爬行动物。不过，骇龟更大。这种来自中新世的巨型淡水龟长约 3 米！这些巨大的南美河流中的居民，会缓缓地游过热带雨林的溪流，在富含营养的水域取食水中的植物。很难相信，这么大的生物能够游刃有余地在如此狭小的空间里活动，而不被红树林或树根缠住。但那时，它已经存在了几百万年了，所以它一定有办法做到。

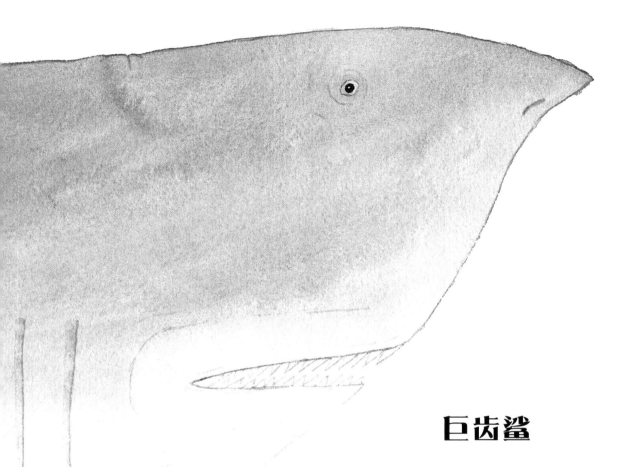

# 巨齿鲨

大小：长约 18 米
体重：最重约 50000 千克
时代：中新世早期到上新世晚期
食性：肉食

　　巨齿鲨是地球上存活过的最大的鲨鱼。将近 2 米长的鳍只是这只可怕鲨鱼的冰山一角。它巨大的身躯比一辆公共汽车和一辆汽车加起来还要大，长是现存最大、最致命的海怪——大白鲨——的三倍。巨齿鲨的嘴内有 7 厘米长的"剃刀"——锋利的三边开刃的牙齿，它的下颌极大，大到可以把你和你的朋友整个吞下去。

# 古巨蜥

大小：长约 5.5 米
体重：约 600 千克
时代：更新世
食性：肉食

　　澳大利亚的巨型动物天团里又一个令人激动的成员，古巨蜥是世界上最大的肉食性蜥蜴。一些科学家认为它们有毒，类似于科摩多龙——一种现存于印度尼西亚的大型有毒蜥蜴。古巨蜥长近 6 米，是科摩多龙的两倍，它们大到足以与双门齿兽搏斗。6 万年前，当人类在澳大利亚定居时，它们的数量就减少了。和科摩多龙一样，古巨蜥是非常危险的动物，对人类生存造成了严重的威胁。很明显，要么人类走，要么古巨蜥必须离开。

# 巨型袋鼠

大小：高约 2 米
体重：约 200—240 千克
时代：更新世
食物：草食

　　巨型袋鼠，又名短脸袋鼠，它看起来可能与普通的红袋鼠相似，但实际上它们的体型相当庞大，经常保持固定的坐姿。这些巨大的袋鼠身高超过 2 米，像一名肌肉紧绷的举重运动员。它们有长长的前指爪——可以在炎热的澳大利亚平原上剥脱叶子，后腿有像马蹄一样奇怪的爪子，非常适合战斗。哦，它们还有一张很平的脸！

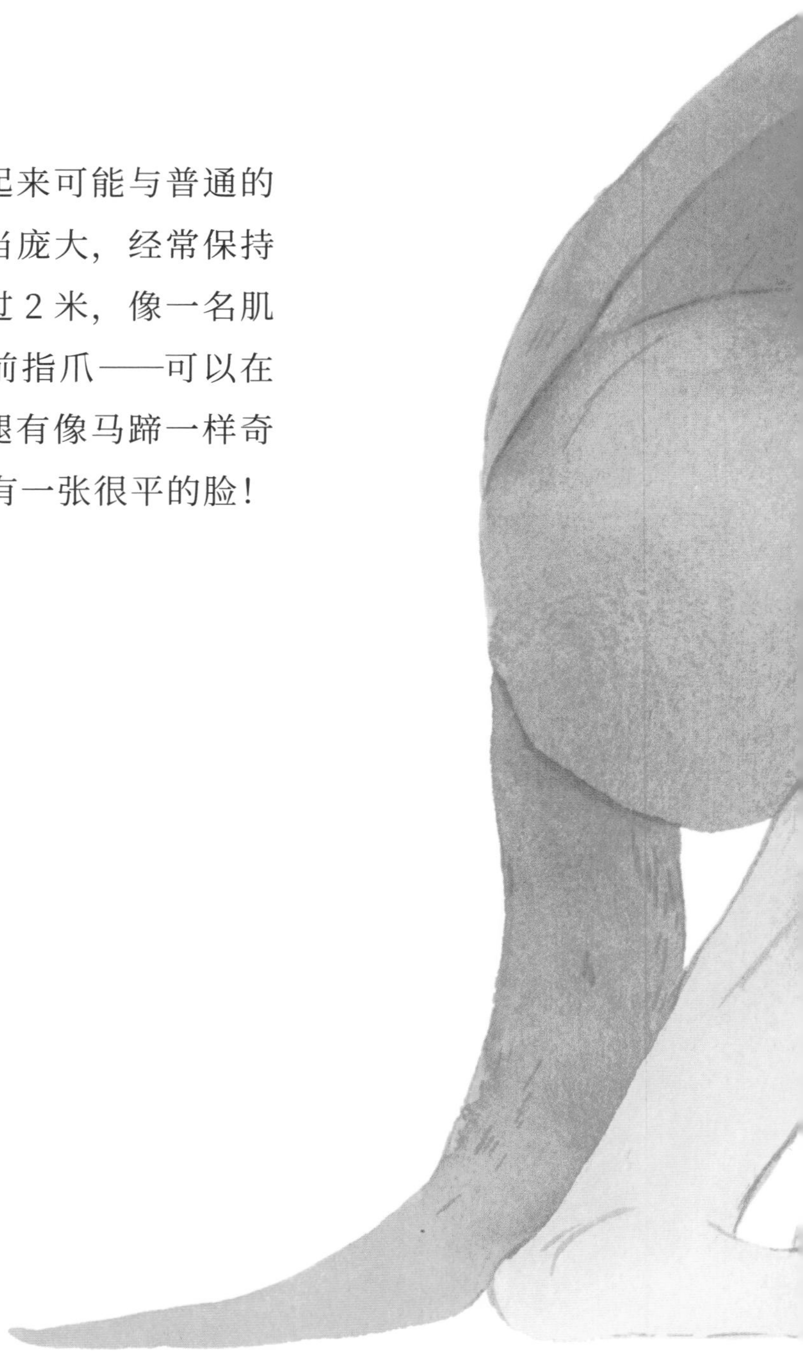

# 哈氏长吻针鼹

大小：长约 1 米
体重：约 30—40 千克
时代：更新世
食性：肉食

　　提到澳大利亚，那里的生物都很大，连刺猬都有一米多长。

　　其实，哈氏长吻针鼹并不是一种真正的刺猬。但它们也有保护刺，也可以蜷成一个球。

　　这只巨大的针鼹实在是太奇怪了。它有鸟喙一样的鼻子、长长的舌头，以及蜥蜴一样有鳞的腿，而且它还下蛋！最不可思议的是，这种已经灭绝的怪兽居然有一只羊那么大！

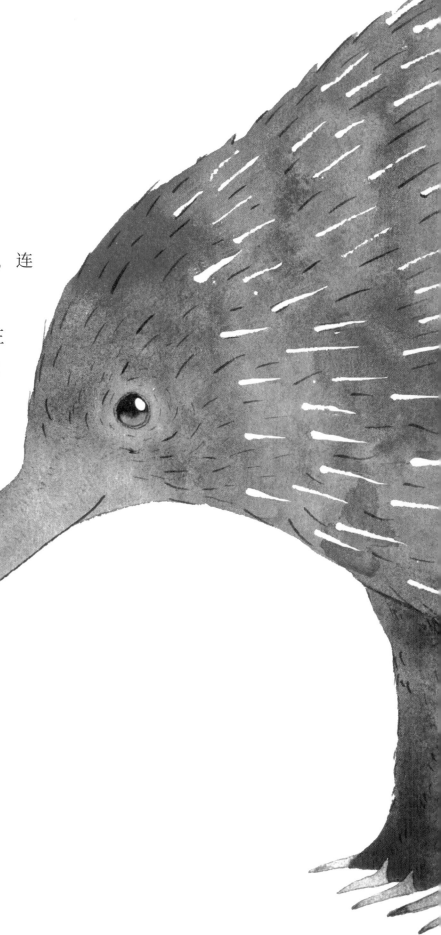

# 致命剑齿虎

高度：约 100 厘米
体重：约 280 千克
时代：更新世
食性：肉食

    它可能是最有名的已灭绝的史前哺乳动物，通常被称为剑齿虎（尽管它和狮子有更多的亲缘关系）。剑齿虎拥有强壮有力的身躯，最突出的特征就是剑状的牙齿。

    和我们想的并不一样。古生物学家已经发现，剑齿虎著名的尖牙实际上相当脆弱，并不是它们的致命武器。这意味着，这只大型猫科动物是一个耐心和精准的猎手，它们以隐秘和精确的方式杀死猎物，而不是靠过度的肌肉和力量。为了有效地发挥它们牙齿的杀戮能力，它的下巴需要异常大地张开。

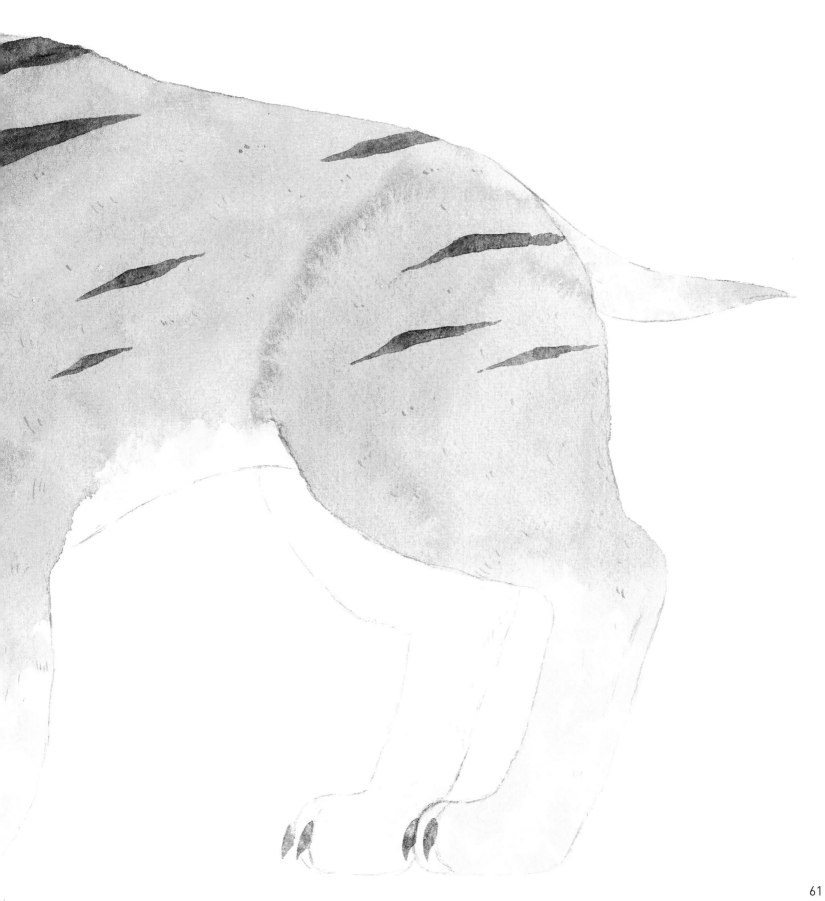

# 轭齿象

大小：高约 4 米
体重：约 14000—18000 千克
时代：中新世到更新世中期
食性：草食

千万别被插图愚弄了——这可不是一只长着长牙的小象，而是一只长着长牙的巨象！它的长牙都快伸出这本书了！很显然，它是象科的一员。和你知道的猛犸象一样，它生活在中新世和更新世时期。不过，因为它有近 5 米长的大牙，所以轭齿象成功在象群中脱颖而出！没什么大惊小怪的，它学名的意思就是"长牙"。

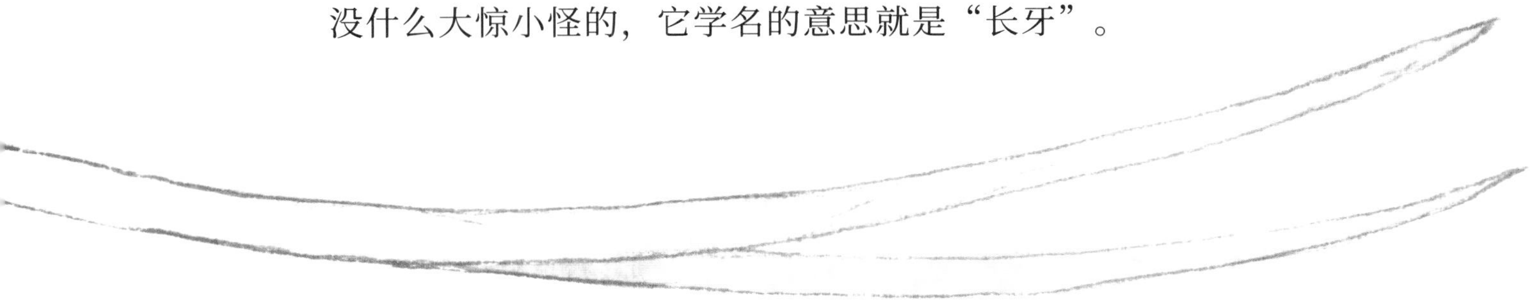

# 板齿犀

大小：长约 4.5 米，肩高约 2 米
体重：约 3500—4500 千克
时代：上新世晚期到更新世晚期
食性：草食

　　在犀类的大家庭中，板齿犀不是体型最大的——最大的是巨犀（第 38 页），但板齿犀看起来肯定是最坏的！成年雄性板齿犀的角，估计可以长到 1.8 米，它们的肩高也不过 2 米。板齿犀是草食性动物，所以它们的角不是用来刺杀猎物的，而是用来自卫和向其他雄性炫耀的。

　　我们的这位朋友还因它的大角得到了一个绰号——"西伯利亚独角兽"——一个疯狂生物的神奇名字！

　　（另外，请不要把板齿犀和同样大，但已经灭绝的披毛犀混为一谈，披毛犀更像是一头顶着蓬松的生姜色"假发"的普通犀牛。）

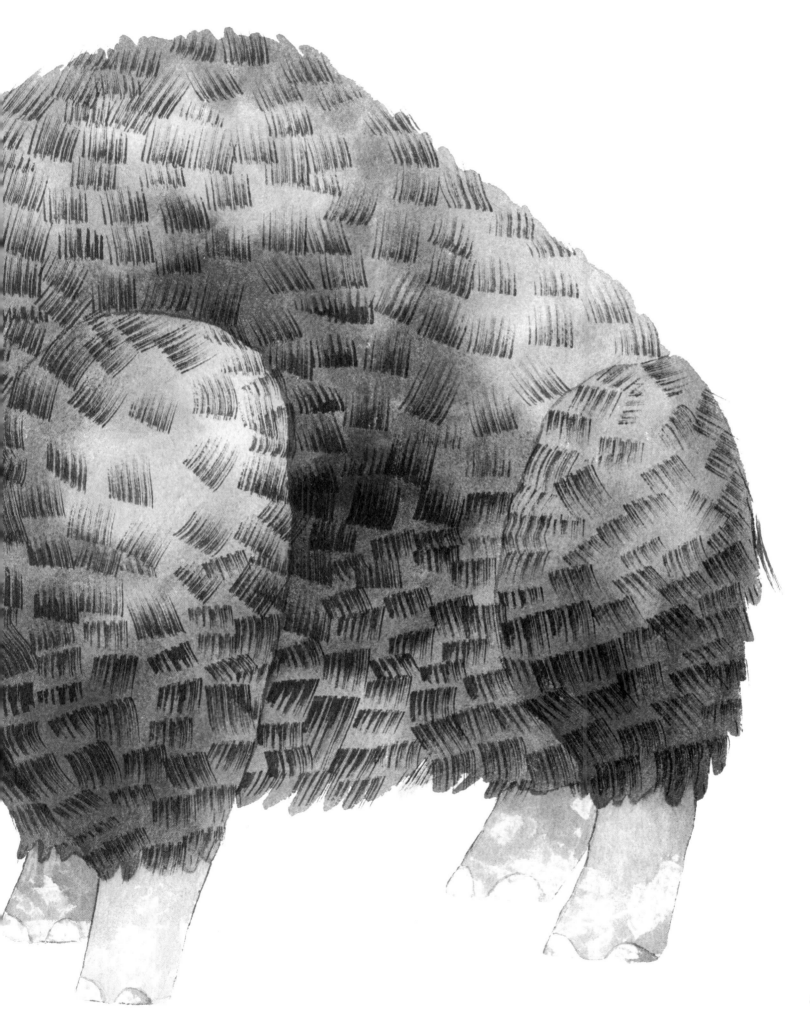

# 大地懒

大小：长约 6 米
体重：约 4000 千克
时代：上新世早期到更新世晚期
食性：草食

我们都知道树懒，它们浑身长满苔藓，懒洋洋地游荡在今天南美洲的热带雨林里。而在更新世时期，生活着一种个头和猛犸象一样大的大地懒，它们身长可达 6 米。它们用剪刀一样的大爪子很容易就能剥光一棵树的叶子。它们结实的尾巴就像三脚架一样。当它们去够树顶的嫩叶时，尾巴可以用来保持平衡。

同样来自南美洲的大地懒是贫齿目家族的一支，贫齿目还包括食蚁兽和犰狳。你也许会认为这些看起来笨重的生物生存起来会有困难，但在中美洲、南美洲和北美洲都发现了它们的骨骼遗骸。科学家们最近在古巴发现了一组和大地懒有亲缘关系，但比大地懒要小一些的骨骼化石，这组化石可以追溯到大约公元前 2000 年左右。

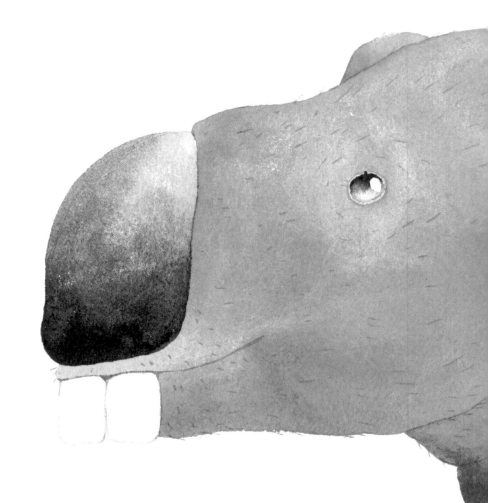

# 双门齿兽

大小：长约 3 米
体重：约 2700 千克
时代：更新世
食性：草食

　　双门齿兽（意为"两颗前牙"）是迄今所知最大的有袋类动物。想象一下，一只重达 2 吨的犀牛大小的袋熊在澳大利亚内陆游荡。真的好大啊！众所周知，双门齿兽分布在澳大利亚的大部分地区，直到大约 46000 年前灭绝。它们的样子很容易辨认，它们有一只大鼻子，小巧玲珑的脚长在柱子般的腿上，突出的牙齿没准儿可以伸进邮筒吃到一颗苹果！

# 长角野牛

大小：长约 4.5 米，肩高约 2.5 米
体重：约 2000 千克
时代：更新世
食性：草食

　　要了解长角野牛的个头，我们可以看一个简单的数据——令人吃惊的牛角跨度。它的后代，现代北美野牛，个头已经不小了，这些强壮的野牛肩高超过 1.8 米，牛角跨度可达 66 厘米。与之相比，长角野牛的肩高约 2.5 米，牛角跨度约为 2 米。这些野牛成群在平原上游荡时，一定是一幅可怕的景象。

# 雕齿兽

大小：长约 4 米，高约 1.5 米
体重：约 2000 千克
时代：更新世
食性：草食

　　它是海龟？还是恐龙？或者是一辆车？在体长超过 3 米、身高大约 1.5 米的情况下，你可以很容易从另一个维度将雕齿兽看成一种新型的混合动力汽车。在解剖学上，它更像犰狳，但这种奇怪的生物与食蚁兽和大地懒（第 66 页）的漫长进化路径相同。在厚厚的骨板的保护下，它们游荡在更新世的南美洲，用厚重的尾巴争夺植被。和许多巨型动物一样，大约在 11700 年前，最后一次冰河时代结束时，它们令人难以置信地灭绝了。

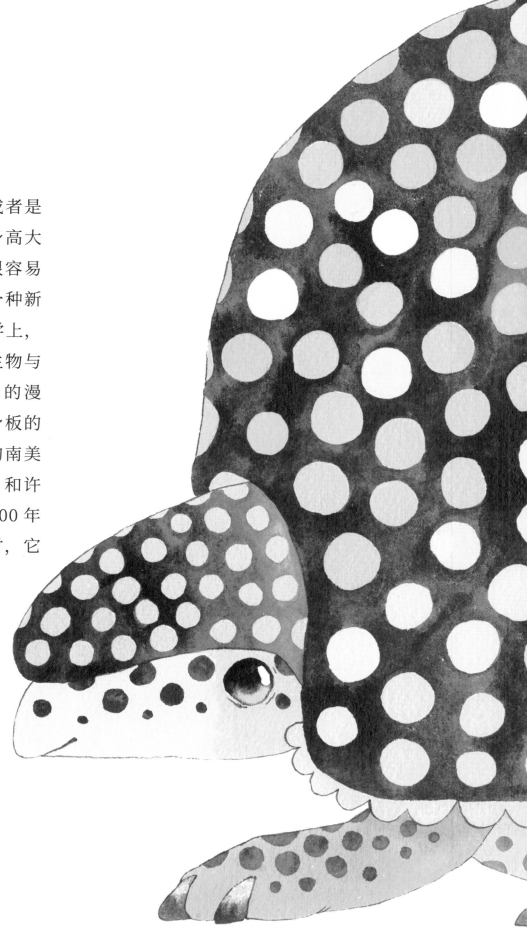

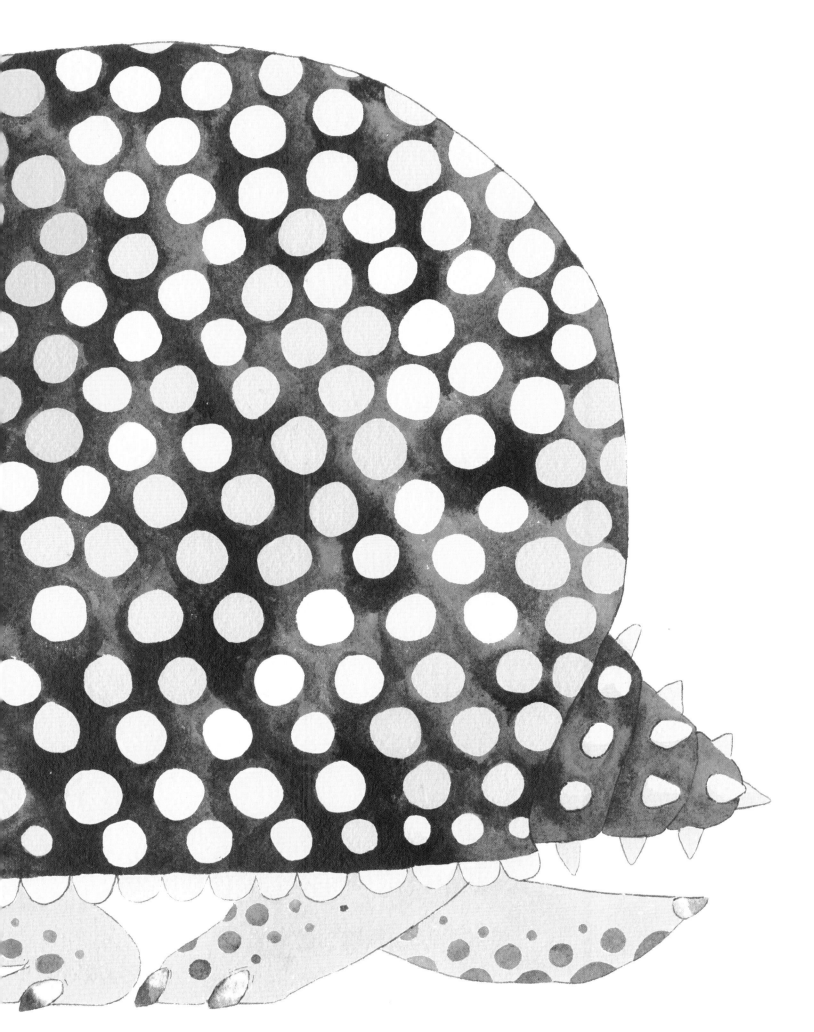

# 古巴巨型猫头鹰

**大小：** 高约 1.1 米
**体重：** 约 9 千克
**时代：** 更新世晚期
**食性：** 肉食

  跟大家一样，我也想亲眼看看这本书里提到的动物。其中最让我痛心的就是不能见到这只古巴巨型猫头鹰。想象一下，它们在自然栖息地里的样子吧！它们跑过森林，从树枝上朝毫无防备的猎物猛扑过去！它们身高超过 1 米，体重可达 9 千克。相比之下，今天最大的猫头鹰之一——雕鸮的身高不过 70 厘米，体重约 3 千克。古巴巨型猫头鹰可能并不会飞，或者只能滑翔较短的距离，并且不需要光线。捕猎时，它们会利用体重的优势，全力以赴地扑向猎物——啮齿动物、树懒，甚至是鹿。可悲的是，又是人类及其宠物的进入，导致了这种巨型猫头鹰的灭绝。

# 侏儒猛犸象

大小：长约 4.5 米，高约 1.7 米
体重：约 760 千克
时代：更新世晚期到全新世早期
食性：草食

　　美国加利福尼亚海岸附近的一个小岛非常孤立，以至于那里的猛犸象没有天敌。由于它们没有生存威胁，不需要用大块头来保护自己，随着世代推移，它们的体型逐渐缩小，变成了自己的物种——侏儒猛犸象。它们站起来大约只有 1.7 米高，实际看起来更小，但它们完全适应了周围的环境。但一次灾难性的灭绝事件摧毁了北美洲大部分的动物群，它们也从地球上消失了。

# 巨型短面熊

大小：（后肢站立时）高约 3—4 米
体重：约 1000 千克
时代：更新世中期到全新世早期
食性：杂食

　　它是个大怪物！早知道它有这么多凶残的特征可以考虑的话，我就不用它的脸来命名它了。短面熊的个头很大，前臂肌肉发达，臂展可达 4 米，后肢长而灵活。它可以在眨眼之间就抓住猎物，比如冲刺去抓一只羚羊。人们认为，巨型短面熊是人类较迟进入北美的原因之一。这种动物生活在白令海峡，它们在那里四处巡逻，寻找食物。白令海峡是连接北美洲和亚欧大陆的交通要道，对早期人类来说，这块小小的陆地是进入北美的唯一入口。

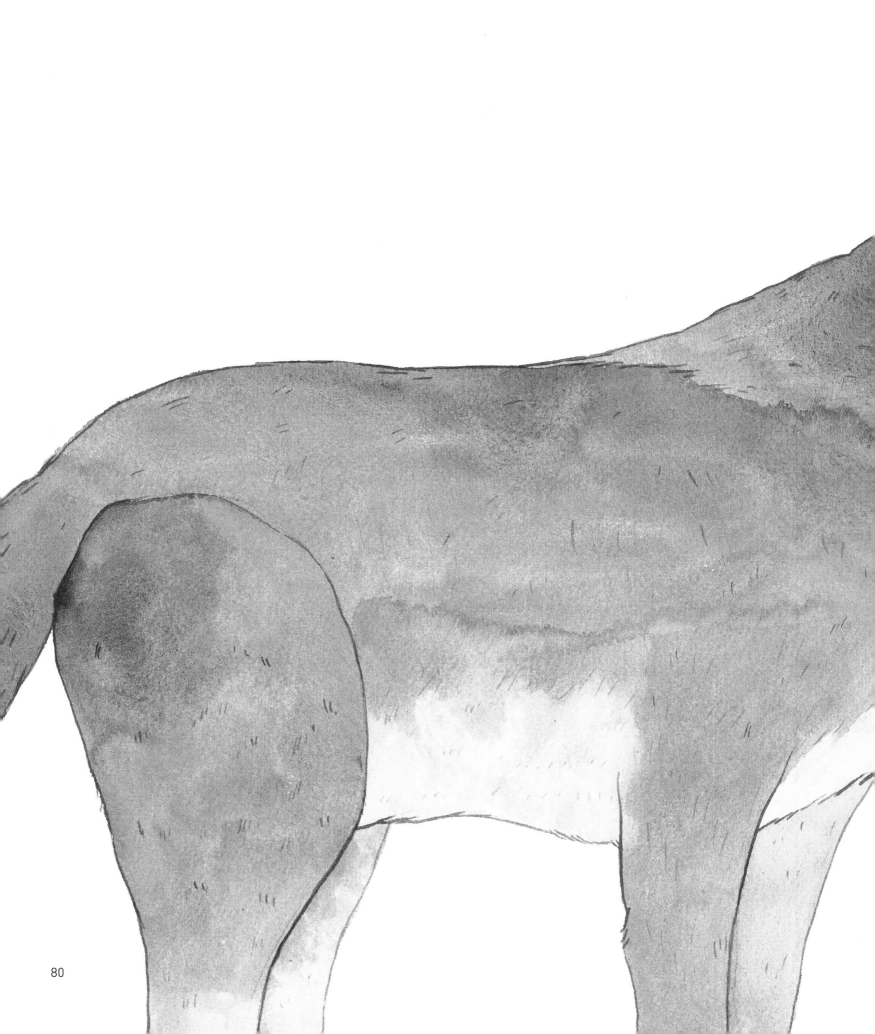

# 恐狼

大小：长约 1.5 米，高约 1 米
体重：60—80 千克
时代：更新世晚期
食性：肉食

人们认为犬科起源于北美。其中包括所有的狼和狗——豺狼、野狗、土狼、拉布拉多、博得猎狐犬，甚至是哈巴狗！恐狼是它们最可怕的先祖。这种狼的体型只比今天普通的灰狼稍大一点，但它却有着令人难以置信的强大冲击力。它们成群结队地合作，可以很容易地猎捕到更新世的大型猎物，如猛犸象和大地懒。看起来还不错，敢不敢试试让它们叼棍子？

# 西瓦兽

大小：长约 5 米，高约 3 米
体重：最重约 1200 千克
时代：上新世到全新世
食性：草食

　　西瓦兽是长颈鹿家族中体型最大的一员，高近 3 米，这还没算它巨大的角冠和奇怪的前额突出。这个驼鹿一样的草食动物，名字的意思是"西瓦（湿婆）的怪兽"，湿婆是印度教信仰的三位创造神之一。古老的印度文明可以寻找到这种怪兽的痕迹，虽然人们认为西瓦兽大约在一百万年前就灭绝了。人类最早的文明之一——苏美尔文明的洞穴壁画里似乎也描绘了独特的西瓦兽，还有一座距今有 5000 年的苏美尔青铜雕像，看上去非常像这里提到的西瓦兽。令人感兴趣的是，我们的先祖遇到过多少被遗忘的怪兽？

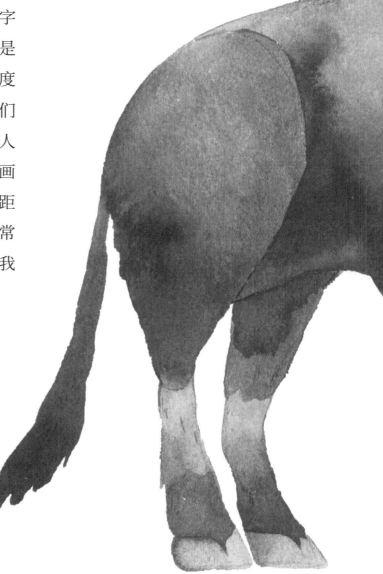

# 大角鹿

大小：长约 3.5 米，高约 2.1 米
体重：约 540—600 千克
时代：更新世中期到全新世早期
食性：草食

　　大角鹿通常被称为"爱尔兰麋鹿"，但它的活动范围并不仅限于爱尔兰，它也不是麋鹿。事实上，这种巨鹿在爱尔兰东部曾随处可见，从英国到北非，甚至在中国也有发现。雄性大角鹿身高超过 2 米，有所有现存的鹿中最大的鹿角。这些巨大的装饰物是自然的艺术品，令人叹为观止，有的鹿角的角面宽度超过了 3.6 米！有许多理论试图解释大角鹿的灭绝原因，其中一种假设是，大角鹿的鹿角太大了，导致它们不能行走，也影响了它们繁衍下一代，所以就灭绝了。但其实最合理的理论，也是我们特别关注的理论是——气候变化和人类的活动才是罪魁祸首。

# 长毛猛犸象

高度：肩高约 3 米
体重：约 6000 千克
时代：更新世到全新世早期
食性：草食

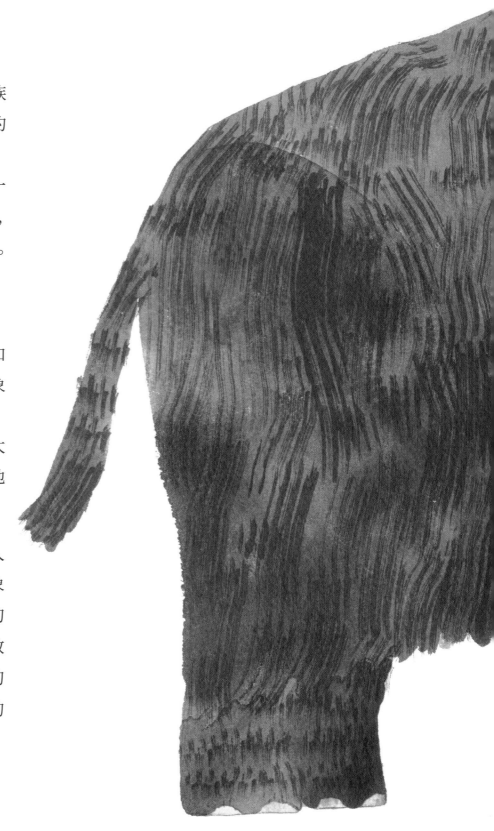

长毛猛犸象是象科庞大家族中的一个分支，象科已经存在大约500多万年了（包括今天的大象）。长毛猛犸象的个头大约和非洲象一样，它们有毛茸茸的生姜色的皮毛，卷曲像长矛一样的象牙，极易辨认。它们的象牙看起来既有保护作用，又是一种致命的武器。

它们比同时期的草原猛犸象和南方猛犸象小得多，但长毛猛犸象对冰河时代的适应能力如此之强，以至于它的分布覆盖了北半球的大部分地区，包括欧洲、西伯利亚地区、中国和北美等地。

它们与早期人类同时存在，人们猎取它们的骨头、毛皮、肉和象牙。但气候变化和领地、栖息地的缩减，驱散了长毛猛犸象，使其数量锐减。它们最后被迫在北冰洋的一个小岛上生活，一直坚持到大约4000 年前。

# 卷角龟

大小：长约 2.5 米
体重：约 450 千克
时代：中新世到全新世
食性：草食

    这个来自中新世，浑身斑点的家伙发现于新喀里多尼亚和澳大利亚东部。它是一只武装到牙齿的乌龟！你一定会感到惊讶，它的头两侧的角使它们无法把头缩进壳里。这（把头缩进壳里）本来是属于乌龟的自卫战术，也许这就是它们灭绝的原因吧？谁知道呢。

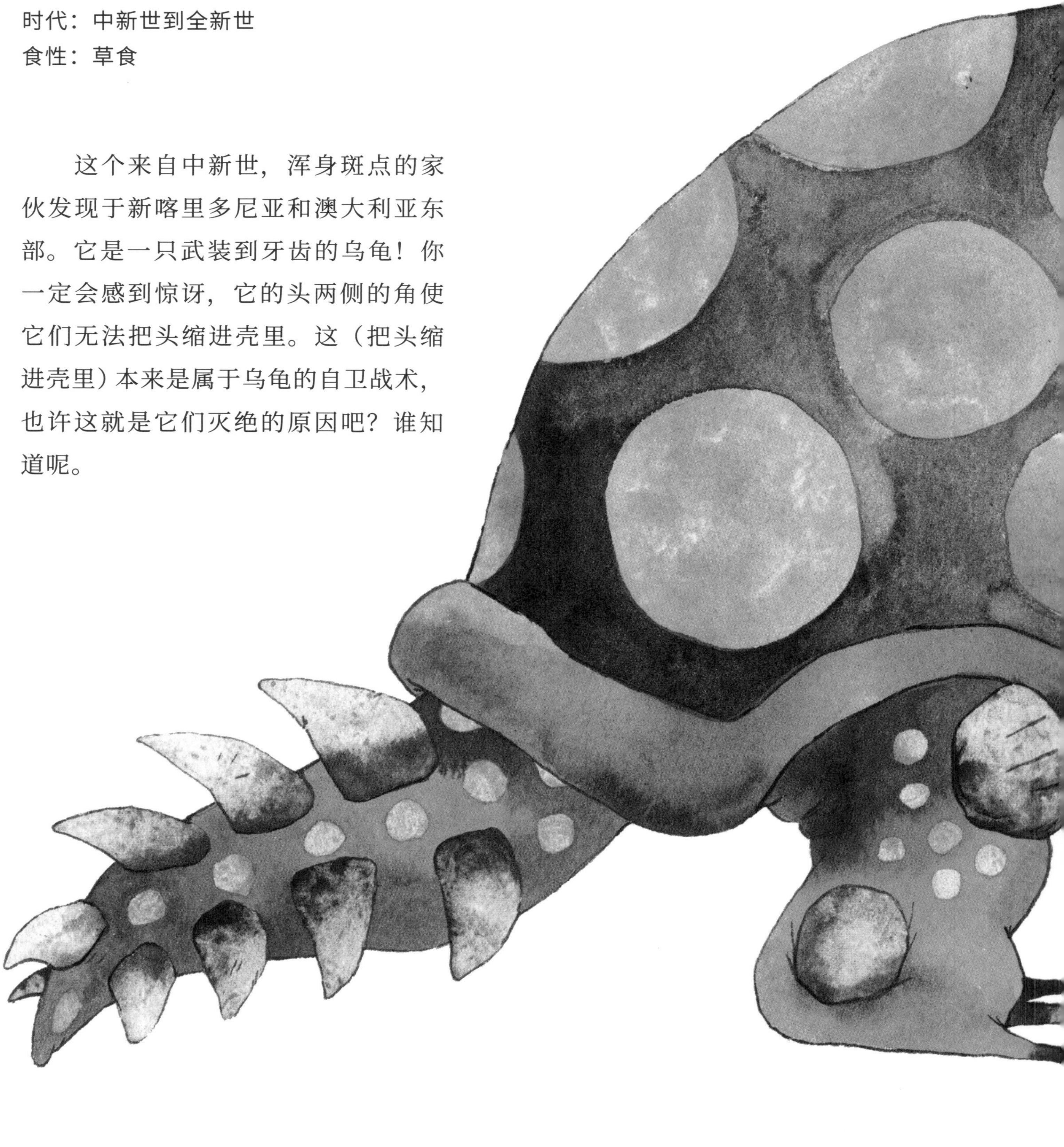

# 日本狼

大小：长约 90 厘米，高约 30 厘米
体重：约 18 千克
时代：全新世
食性：肉食

    在日本民间，本州狼是旅行者们的守护者和保护者。它们是有史以来最小的狼之一，从鼻子到多毛的尾巴只有 90 厘米。作为北美灰狼的远亲，这位旅行者可能在更新世时期迁徙了很长一段距离，最终在日本定居。日本狼一直繁育到 18 世纪，它们亡于狂犬病——人类带来的疾疫。然而，和许多奇妙而可悲的已灭绝的怪兽一样，有报道称，有人看到过日本狼——甚至可能有隐藏的聚居区！真希望它们不会成为民间的传说。

# 象鸟

大小：高约 3 米
体重：约 400 千克
时代：全新世
食性：草食

　　来自马达加斯加岛的象鸟，是一种巨大的不会飞的鸟。它的腿像树干，身高超过 3 米，产下的蛋和橄榄球一样大，是鸡蛋的 160 倍。

　　它是鸟类世界中真正的巨人，可能有几百万年的历史了，直到大约 1000 年前，人类在它的岛上定居，迫使它渐渐走向灭亡。

# 南岛恐鸟

大小：高约 2—3 米
体重：约 250 千克
时代：更新世晚期到全新世
食性：草食

　　令人惊奇的恐鸟家族来自新西兰，有 9 个物种，南岛恐鸟是其中最大的一种。它们不会飞，高约 2 米，体重非常大，相当于一头大而肥的猪。不幸的是，这种恐鸟和许多猪走的路是一样的——它们都是在人类到达岛上之后的一百年内被人吃掉的。14 世纪以后，恐鸟只存留于毛利人的民间故事中。

# 袋狼

大小：长约 1—2 米，高约 0.6 米
体重：约 30 千克
时代：上新世到全新世
食性：肉食

　　袋狼因为它的外观和习性，又被称为塔斯马尼亚虎或塔斯马尼亚狼，但它根本不是老虎，也不属于犬科。事实上，它是一种和袋鼠一样的有袋动物。在 400 万年前的中新世，它分布在澳大利亚等地，行使与狼相同的角色。这意味着它们拥有许多相同的属性，如长腿、锋利的牙齿和咬力极强的下颌，但它把幼崽放在袋子里，能用后腿进行跳跃。可悲的是，袋狼是最近灭绝的动物。这一物种的最后一批成员一直生活在塔斯马尼亚的霍巴特动物园，直到 1936 年，人们在那里拍下了一些死去袋狼的照片和电影片段。这些都是对人类在整个地球上的增长和扩张所造成后果的赤裸裸的警告。

**图书在版编目（CIP）数据**

被遗忘的怪兽 ／（英）马特·休厄尔著 ；冯康乐译
. -- 北京 ：北京联合出版公司，2020.7
ISBN 978-7-5596-4113-7

Ⅰ．①被… Ⅱ．①马… ②冯… Ⅲ．①古动物－青少
年读物 Ⅳ．① Q915-49

中国版本图书馆 CIP 数据核字（2020）第 056567 号

**被遗忘的怪兽**

作　　者：（英）马特·休厄尔
译　　者：冯康乐
责任编辑：徐　樟
特约编辑：门淑敏
封面设计：高巧玲

北京联合出版公司出版
（北京市西城区德外大街 83 号楼 9 层　100088）
北京联合天畅文化传播公司发行
北京美图印务有限公司印刷　新华书店经销
字数 80 千字　787 毫米 ×1092 毫米　1/8　12 印张
2020 年 7 月第 1 版　2020 年 7 月第 1 次印刷
ISBN 978-7-5596-4113-7
定价：88.00 元